La Nueva Teoría Atómica

Realizado por,

Asdrúbal R. González Camacho

Valencia, Febrero 2014

ISBN 978-1-291-69227-3

Dedicatoria

A la Sagrada Familia.

A la santa Iglesia Católica y Apostólica.

A todos mis familiares y amigos.

Agradecimiento.

A mi familia por su valioso apoyo en todo momento y en especial a Herviz y Socorro por tanto cariño y amor inmerecidos.

"En la naturaleza, la energía electromagnética se transforma en masa electromagnética y viceversa, la masa electromagnética en energía electromagnética".

Prólogo.

Es para mí motivo de honor y especial complacencia, el poder presentarles esta teoría, fruto de varios años de investigación y reflexión.

He procurado ante todo ser breve, para no cansarles, y utilizar un lenguaje sencillo, sin dejar de lado un poco de rigor matemático, además de usar los ejemplos y comparaciones que consideré necesarios para una mejor comprensión del material que tienen en sus manos.

Espero ante todo que el contenido de este pequeño libro se de su agrado y que disfruten del contenido.

Asdrúbal R. González Camacho.

Índice.

Introducción.

En mi libro anterior queridos amigos, titulado La Ley del Cosmos, les escribí en las conclusiones que para lograr una teoría del campo unificado, debía modificarse la teoría atómica y por eso la mecánica cuántica actuales y así poder aplicar la teoría de la relatividad general al mundo sub-atómico y no a la inversa, es decir tratar de quitarle vigencia a la teoría de la relatividad general para seguir con la misma teoría atómica y mecánica cuántica.

Por tales motivos decidí publicar un modelo de teoría atómica en concordancia con la relatividad general y con mi teoría de campo unificado, para lograr así la deseada unificación de los campos que hasta ahora permanecen aislados: electromagnéticos, gravitatorio, nucleares.

Capítulo I

El espacio curvo.

El interior de la materia es un espacio curvo y el interior de una "partícula" es también un espacio curvo, por otra parte el espacio interno y externo es de naturaleza electromagnética, como señalé en mi libro anterior.

Si el espacio no fuera de naturaleza electromagnética la luz no podría propagarse en el vacío, tampoco las ondas radioeléctricas.

Como señalé en mi libro anterior la "materia" se forma al contraerse el espacio, es decir, la materia no es más que una contracción electromagnética.

Esta contracción electromagnética no se da de una forma geométrica cualquiera, sino muy definida, y es la responsable de las propiedades físicas y químicas correspondientes e inherentes al cuerpo en estudio.

Un espacio curvo ordinario como en el que vivimos, es difícil de captar por los sentidos, incluso por el entendimiento humano, porque tiene 4 dimensiones físicas y estamos sumergidos en él; sin embargo podemos hacer una comparación con un espacio de dos dimensiones, como es la superficie de una esfera y así poder entenderlo mejor.

La palabra clave en estos casos es la "gravedad". La gravedad no existe. Lo que existe es una deformación del espacio en el entorno de los objetos y debido a eso los cuerpos se atraen. Para explicarlo mejor me referiré a la superficie de la esfera ya mencionada. Supongamos que en dos puntos distintos existe una hormiga en cada uno de ellos, como en la siguiente figura (Figura 1):

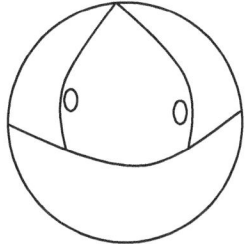

Figura 1. Esfera con hormigas.

Cuando las hormigas se mueven hacia el polo norte siguiendo cada una de ellas, un meridiano desde el ecuador y de la manera más derecha posible, ellas se van aproximando entre sí poco a poco y este es un detalle, que tiene un significado muy importante, porque las hormigas al moverse siguiendo la trayectoria mas "recta" posible, se acercan y esto no es debido a la gravedad, sino que es el resultado de la geometría de la curvatura de la esfera. No existen fuerzas de atracción realmente. Ellas habían comenzado a caminar desde el ecuador de la esfera, por los meridianos correspondientes, y quizá ellas podrían haber pensado, si tuvieran entendimiento, que existe gravedad en su "mundo".

Pero, afortunada o quizás, en este caso desafortunadamente, no es así, sino que en su "mundo", el espacio es curvo.

De igual manera Ustedes y yo estimados lectores no estamos sometidos a la gravedad sino que, por ejemplo, al estar parados en alguna esquina de alguna calle, o avenida de nuestra ciudad o pueblo, en realidad, lo que está sucediéndonos, es que estamos tratando de "movernos" hacia el centro de la tierra, siguiendo un camino parecido al que tomaron nuestras hormigas en el "mundo" del ejemplo que acabamos de tener. Este camino, o caminos, es decir, trayectorias, se le suele denominar "geodésicas" y son la menor distancia que podemos recorrer en un espacio curvo, como es el caso que nos ocupa.

De manera semejante los planetas al girar alrededor del Sol, siguiendo sus orbitas elípticas, en realidad solo están describiendo líneas "rectas", es decir geodésicas, siguiendo un camino sin fin.

Esto también le sucede al Sol al moverse alrededor de un centro masivo en la Vía Láctea, nuestra galaxia, pero quizá no ocurre en general con el resto de las galaxias, porque éstas de acuerdo con las observaciones astronómicas se están alejando unas de otras con un movimiento acelerado, hecho confirmado por la ciencia actual.

En el espacio curvo, los matemáticos expresan la curvatura mediante el pequeño (Ironicamente) monstro matemático denominado tensor de Riemann, el cual es un objeto geométrico de orden cuatro y a la vez es una propiedad intrínseca a los espacios curvos, así como los vectores son objetos geométricos de orden dos, que nos permiten representar cantidades físicas como la velocidad, la fuerza, la aceleración y otras. Pero el tensor de Riemann, es el responsable de la curvatura del espacio.

Para dar un ejemplo relacionado con el "mundo" de nuestras hormigas y el tensor de Riemann, puedo señalar, que la distancia que ellas experimentan al moverse hacia el polo norte, al ir disminuyendo, implica como ya se dijo una atracción y esta distancia los matemáticos la expresan Como:

$$d^2s = R.dx_1.dx_2.z$$

Donde R es el tensor de Riemann de orden 4 y se han omitido los sub-índices y super-índices, dx_1 y dx_2 es la distancia recorrida desde el ecuador y z es la distancia entre las hormigas, con ds, que es la distancia conocida como **"Desviación Geodésica"**, la cual al dividirse por el tiempo permite el cálculo de una aceleración de acercamiento entre las hormigas, que viene siendo la aceleración de "gravedad" entre ellas. He usado letras cursivas para representar todas las distancias porque se trata de líneas geodésicas. Esta situación se puede representar como se muestra en la siguiente gráfica (Figura 2):

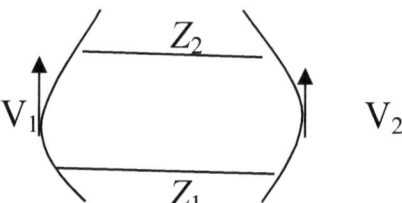

Figura 2. Movimiento de las hormigas.

El resultado de dividir por el tiempo es la siguiente expresión matemática:

$d^2s / dt^2 = R.V_1.V_2.z = $ Aceleración.

Donde R es nuevamente el tensor de Riemann sin índices, V_1 y V_2 las velocidades, y z la distancia mutua entre las hormigas. Como se dijo esta aceleración es lo que las hormiguitas perciben como aceleración de gravedad.

El tensor de Riemann como saben es un tensor de curvatura y depende de la cantidad de "materia" del espacio en consideración y por eso varía de un punto a otro, de acuerdo a la distribución de "masa" y por eso no se puede dar de una vez para siempre.

Por otra parte todas estas elucubraciones físicas y matemáticas tienen el objetivo adicional de calcular el tensor métrico g_{ij}.

El tensor métrico es indispensable en un espacio curvo porque nos permite calcular distancias, áreas, ángulos y más. Este tensor no se necesita en un espacio plano euclídeo porque en este podemos usar directamente el teorema de Pitágoras ó el producto interno de vectores. El tensor métrico utilizado en un espacio curvo, nos permite hacer una generalización del teorema de Pitágoras y así poder hacer los cálculos antes mencionados.

Por ejemplo, tenemos, el tensor métrico obtenido de las ecuaciones de gravitación de Einstein, g_{ij}, de orden dos, es decir la ecuación de campo:

$$R_{ij} - 1/2.R.g_{ij} = \alpha T_{ij}$$

Donde R_{ij} es el tensor de curvatura de Ricci, de orden dos, R es la curvatura escalar, g_{ij} el tensor métrico, α una constante y T_{ij} el tensor de materia y energía de Einstein.

Si hacemos algunas simplificaciones por razones de simetría, se obtiene para una masa puntual, invariable en el tiempo, la solución de Schwarzschild, que consiste en:

$$ds^2 = c^2 (1 - k/r).dt^2 - (1 - k/r)^{-1}.dr^2 +$$

$$+ r^2 sen^2\varphi.d\varphi^2 + r^2 d\Theta^2.$$

Donde ds es la distancia entre dos puntos del espacio, c es la velocidad de la luz, k es una constante que depende de la masa puntual y dt, dr, dφ y dΘ, las coordenadas esféricas en diferencial.

De esta solución de Schwarzschild se desprende que $K = 1 - 2GM/c^2$, donde G es la constante de gravitación de newton, y M la masa del cuerpo, y como el segundo término de la solución mencionada con este valor de k es:

$(1-2GM/rc^2)^{-1}$, no es tan difícil darse cuenta que para $r = 2GM/c^2$, el tensor métrico se indetermina, y por tanto, también la distancia, y estamos ante lo que los físicos llaman una singularidad, que generalmente se presenta en los llamados agujeros negros.

Esta distancia "r", se suele llamar, horizonte de sucesos, y en nuestro caso de indeterminación al infinito significa que ningún objeto, incluso la luz, puede escapar de la "gravedad" de tal masa y por eso se le llama agujero negro. En la solución de schwarzschild existe otra indeterminación para $r = 0$, como se observa del primer término de la ecuación para ds^2 .

En mi libro anterior también escribí en las conclusiones que la teoría de la relatividad general tal como la conocemos es válida para el exterior de la materia, es decir fuera de la materia, pero al pasar al interior de la materia debe usarse otra teoría, que es el caso de mi teoría de unificación, la cual como saben la he denominado La Ley del Cosmos. Para el interior de la materia, escribí en mi libro anterior:

$$G_{ij} = \beta.S_{ij}$$

Donde G_{ij} es el tensor de curvatura, y S_{ij} es el tensor de tensiones de Maxwell. β es una constante.

En el caso del tensor G_{ij}, este tensor lo asimilo como el tensor de Ricci, R_{ij}, puesto que su divergencia no es cero y la divergencia del tensor de tensiones de

Maxwell, S_{ij}, tampoco es cero, por lo que hemos hallado una solución más sencilla que el tensor de Einstein para el interior a la materia o partículas, puesto que como vimos arriba el tensor de curvatura de Einstein es:

$$R_{ij} - 1/2. R. g_{ij}$$

Mi tensor de curvatura coincide entonces con el tensor de Ricci y es el que uso para la región interna a la materia y a las partículas.

Capítulo II

La Masa Electromagnética.

Internamente la materia está formada por contracciones electromagnéticas. Sabemos por mi libro anterior, que la forma geométrica de éstas contracciones determinan la carga y el comportamiento gravitatorio de cualquier objeto ó partícula. También determinan las propiedades químicas y la energía nuclear. La naturaleza es muy sencilla y por eso una nueva teoría atómica debe ser muy sencilla.

Las formas geométricas de todas las partículas elementales y de los cuerpos macroscópicos, vienen impresas desde el origen del universo. El ser humano con su capacidad creadora al aplicar la tecnología propia de cada tiempo de su historia, ha ido transformando, sin darse cuenta, las formas geométricas de los objetos que ha manipulado, en otras formas distintas, como por ejemplo, al hacer las aleaciones de metales. Pero hasta ahora no hemos podido descubrir objetivamente, ni cuantitativamente dichas geometrías. Precisamente esto es lo que me propongo, ó cuando menos, dar el punto de partida para tal conocimiento.

La masa electromagnética es toda la masa que existe en el cosmos, es decir, cualesquiera que sean las masas, ésta es electromagnética. No otra, porque el espacio es de naturaleza electromagnética y la masa no es independiente al espacio sino una consecuencia del mismo.

Un electrón, un protón, un ladrillo, todos tienen su forma geométrica interna definida, por su puesto externamente también.

Internamente la forma geométrica corresponde a la contracción del espacio, de acuerdo a los campos electromagnéticos internos y valga la redundancia.

Cada átomo-elemento de la tabla periódica, tiene una forma geométrica definida: Piramidal, romboide, hexagonal, cúbico y mucho más, incluso combinaciones de éstas.

Cada uno de éstos átomos, cada partícula vibra a una frecuencia fundamental particular. En el caso del átomo, vibra a una frecuencia fundamental y varios armónicos que vienen a constituir los electrones.

Haciendo una comparación, para ilustrar este concepto, las vibraciones de los átomos y partículas, son como un corazón humano que late, y por eso la vibración de un átomo ó partícula se propaga a través del espacio en forma de campo electromagnético, a la velocidad de la luz.

Como observan estamos hablando de la doble naturaleza onda-partícula.

Esto ya es bastante conocido y la relación matemática que los vincula fue realizada por Louis de Broglie, quien determinó la relación entre la longitud de onda y la cantidad de movimiento del cuerpo en consideración.

Pero ahora sabemos que esta doble naturaleza obedece a la contracción electromagnética y su forma geométrica, vibrando a una determinada frecuencia.

Por eso la materia, la carga, la energía nuclear fuerte y débil, son solo contracciones del espacio, que al vibrar producen los campos electromagnéticos correspondientes gravitatorios y nucleares.

Por otra parte la relación matemática que he determinado en base al tensor de tensiones de Maxwell y el tensor de Ricci, nos permite calcular la energía interna que mantiene cohesionados a los electrones, y todos los objetos, atomos y partículas. Recordemos que esta relación es:

$$R_{ij} = \beta . S_{ij}$$

Siendo la divergencia de S_{ij} igual a la fuerza que mantiene la cohesión, a partir de la cual calculamos la energía interna, puesto que:

Divergencia de S_{ij} = fuerza f_j

Y al multiplicar por dx_i, obtenemos la energía interna, que constituye la energía que faltaba al cálculo realizado por Lorentz, Feynman y otras, al tratar de concebir una masa electromagnética, cosa esta que ya he mencionado en mi primer libro.

En cuanto a la cohesión de la materia, que permite su dureza y otras propiedades físicas y químicas, ya sabemos que se deben a los armónicos (Electrones) que producen las fuerzas eléctricas de gran magnitud, que como es sabido son billones de billones de billones de veces, más intensas que las gravitacionales.

Las geometrías electromagnéticas se encuentran en constante vibración, por lo que emiten su campo eléctrico fundamental y los armónicos y debido a esto interactúa con los átomos vecinos.

La vibración fundamental procede junto con los armónicos del centro de la geometría hacia la periferia.

Conclusión

Esta teoría como habrán observado, está en un estado generalizado. Y por tal motivo, dejo a las futuras generaciones afinar los detalles específicos que faltan para completarla. Lo he querido así, entre otros motivos, para involucrar a muchos jóvenes estudiantes, en esta labor que me resulta tan interesante.

La inspiración para el desarrollo de esta teoría me vino entre otras cosas, de la teoría de cuerdas. Como es sabido la teoría de cuerdas consiste en considerar una cuerda que vibra a varias frecuencias. Por mi parte asocié las cuerdas a las contracciones electromagnéticas, y las frecuencias de vibración a los "latidos" de las figuras geométricas, que representan, a los átomos y electrones (armónicos).

Como consecuencia de la teoría, como habrán podido notar, está el hecho que la masa electromagnética no se conserva; puesto que la nueva expresión de la energía como les escribí en mi primer libro es: $E = m_{elec}.c^2$. Esto trae como consecuencia inmediata, que la carga eléctrica no se conserva, sino que se puede transformar en energía. Esta afirmación atenta contra todo el edificio físico establecido hasta la actualidad, pero esto no me atemoriza, porque cuando Einstein propuso su ecuación de energía, atentó contra la conservación de la materia, y ya lo ven como ha evolucionado la física nuclear.

Por otro lado, he ideado un experimento mediante el cual puede lograrse, si se cuenta con el instrumental requerido, la transformación de la carga eléctrica en energía; el diagrama del experimento lo muestro a continuación (Figura 3) y se basa en la fuerza de Lorentz:

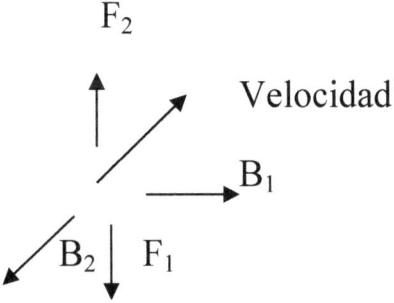

Figura 3. Experimento con flujo eléctrico.

En este experimento F_1 y F_2, son las fuerzas de Lorentz que se originan por los campos magnéticos B_1 y B_2, respectivamente, y también tenemos la velocidad o flujo de electrones. Como se observa los electrones están sometidos a unas fuerzas que tratan de estirarlo. Cuando se llega a una intensidad crítica esta fuerza logra desintegrar al electrón, transformándolo en energía, liberando así su energía interna. Vista más de cerca este fenómeno es así (Figura 4):

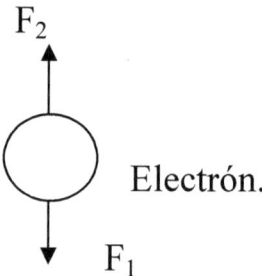

Figura 4. Fuerzas de Lorentz.

Apéndices.

Apéndice 1.

Repaso de Tensores.

Un tensor es un objeto geométrico que matemáticamente se define, de acuerdo a un cambio de coordenadas o una rotación de ejes de la manera siguiente:

$$\bar{T}_{pr} = \frac{\partial x^q}{\partial \bar{x}^p} \frac{\partial x^s}{\partial \bar{x}^r} T_{qs}$$

Esta definición tal como está corresponde a un tensor de segundo orden, porque existen tensores de orden uno y de orden cero y de mayor rango.

Un tensor de orden uno es un vector y un tensor de orden cero es un escalar.

Un vector se define matemáticamente entonces por el siguiente cambio de coordenadas:

$$\bar{T}^i = \frac{\partial \bar{x}^i}{\partial x^r} T^r$$

Estos cambios de coordenadas se representan en general por matrices cuadradas:

$$\begin{bmatrix} \bar{T}_1 \\ \bar{T}_2 \\ \bar{T}_3 \end{bmatrix} = \begin{bmatrix} \frac{\partial x^1}{\partial \bar{x}^1} & \frac{\partial x^2}{\partial \bar{x}^1} & \frac{\partial x^3}{\partial \bar{x}^1} \\ \frac{\partial x^1}{\partial \bar{x}^2} & \frac{\partial x^2}{\partial \bar{x}^2} & \frac{\partial x^3}{\partial \bar{x}^2} \\ \frac{\partial x^1}{\partial \bar{x}^3} & \frac{\partial x^2}{\partial \bar{x}^3} & \frac{\partial x^3}{\partial \bar{x}^3} \end{bmatrix} \begin{bmatrix} T_1 \\ T_2 \\ T_3 \end{bmatrix}$$

En el tensor de orden dos, se realiza el mismo cambio de coordenadas para dos vectores distintos, los cuales son multiplicados tensorialmente, ya no es una multiplicación escalar ni vectorial de vectores.

Este producto tensorial de vectores de orden uno produce una matriz cuadrada, que en el espacio de tres dimensiones, tiene 9 componentes y en el espacio tiempo tiene 16 componentes.

Esto requeriría un hiper-espacio para su visualización, pero podemos representarlo gráficamente y para su interpretación geométrica, en tres dimensiones, como en la figura de la página siguiente (Figura 5), donde $T(e_1)$, $T(e_2)$ y $T(e_3)$, corresponden al arreglo matricial en el cual los elementos σ_{ij}, corresponden a las componentes del tensor de la gráfica y podemos agruparlos como tres objetos T_i, correspondiendo a cada uno de estos objetos geométricos las componentes σ_{ij} correspondientes.

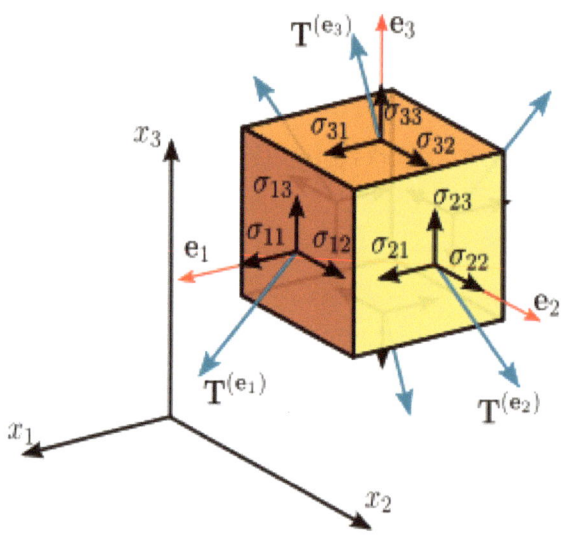

Figura 5. Tensor de segundo orden en 3 dimensiones.

También tenemos que utilizar en estos casos, tensores covariantes, contra variantes y mixtos. Matemáticamente esto equivale a la manera que hagamos el cambio de coordenadas, por ejemplo si pasamos de rectangulares a esféricas ó de esféricas a rectangulares.

En cuanto al cambio de coordenadas en sí mismo, estos se hacen porque cualquier objeto geométrico válido debe permanecer inalterable ante un cambio de coordenadas, es decir no depender del sistema coordenado empleado.

Apéndice 2.

Figuras Geométricas.

Nuestra naturaleza es bellísima. Las geometrías presentadas por los diferentes elementos químicos se presentan así (Figura 6):

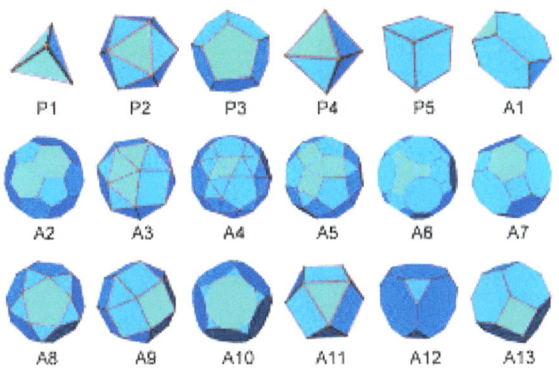

Figura 6. Las diferentes Geometrías.

Estas geometrías están en vibración constante, es decir permanentemente.

Apéndice 3.

El tensor antisimétrico.

El tensor de tensiones de Maxwell se obtiene del tensor antisimétrico F.

$$F = \begin{array}{|c|c|c|c|}
\hline
0 & -E_1 & -E_2 & -E_3 \\
\hline
E_1 & 0 & -B_3 & B_2 \\
\hline
E_2 & B_3 & 0 & -B_1 \\
\hline
E_3 & -B_2 & B_1 & 0 \\
\hline
\end{array}$$

Donde E y B son los campos eléctricos y magnéticos respectivamente.

Es importante hacer notar que E y B no son 4-vectores sino 3-vectores. Esto me llama mucho la atención ya que en el interior de la materia el tiempo es indefinido, por eso la componente temporal es innecesaria.

Apéndice 4.

El tensor de tensiones de Maxwell.

Como ya mencioné, éste tensor se obtiene del tensor antisimétrico F, y las componentes son en unidades del sistema internacional SI:

$S_{ij} =$

$1/2(e_0 E^2 + 1/u_0 B^2)$	w_1/c	w_2/c	w_3/c
w_1/c	σ_{11}	σ	σ
w_2/c	σ	σ	σ
w_3/c	σ	σ	σ

Y los $\sigma_{ij} = e_0 E_i E_j + 1/u_0 . B_i B_j -$

$$- 1/2(e_0 E^2 + 1/u_0 \, B^2).\delta_{vm}$$

Donde δ_{vm} es el tensor delta de Kronecker, el cual es igual a 1 para $v = m$, y cero para $v \neq m$.

Los símbolos w_1, w_2, w_3 representan al vector de Poynting (radiación electromagnética), $w = E \times H$, donde H es el vector intensidad de campo magnético.

E y B son campos eléctrico y magnético respectivamente, y e_0 y u_0 son la permitividad y permeabilidad en el vacío.

El tensor S_{ij}, como sabemos ya, es interno a partículas y objetos.

Autobiografía

Asdrúbal González, es natural de Valencia, Venezuela. Inició sus estudios escolares en la Escuela pública Nacional "Fermín Toro", Parroquia "San Blas", año 1961. En 1968 inició estudios secundarios en el Liceo Público "Enrique Bernardo Núñez" de Urb. Isabelica de Valencia Venezuela.

En 1973 egresa como Bachiller en Ciencias, con un promedio de 19 sobre 20 puntos, por lo que es nombrado orador de orden por los Bachilleres en Ciencias, en el acto de graduación

En 1974 inició estudios de pregrado en la Universidad de Carabobo, facultad de ingeniería en la Universidad de Carabobo, escuela de electricidad en la ciudad de Valencia, y en 1976 aparte de sus estudios universitarios inicia una investigación personal en relatividad y electro física.

En 1986 obtiene el grado de ingeniero electricista en la mención de electrónica y comunicaciones, con un promedio certificado de 15,53 puntos sobre 20, y ocupa el tercer lugar académico de su promoción. Su tesis de grado consistió en el diseño de la red nacional de comunicaciones digitales de Petróleos de Venezuela, ejecutada en una tesis posterior por el Ing. Rafael Arias y actualmente en funcionamiento.

En 1987 ingresó a la Compañía Anónima Nacional Teléfonos de Venezuela (CANTV), ocupó el cargo de supervisor de planta externa en el estado Carabobo.

En 1989, paralelamente a su trabajo en CANTV y en tiempo libre, inició estudios y actividades en teología católica para laicos, en el Departamento de Evangelización y Catequesis de la Arquidiócesis de Valencia, dirigida por Monseñor José Sotero Valero Rutz (qepd), quien fuera Obispo de Guanare y bajo el pontificado del para entonces Arzobispo de Valencia Monseñor Doctor Jorge Liberato Urosa Sabino, actual Cardenal de Venezuela, estas actividades las ha continuado en la actualidad en la Parroquia "San Rafael de Michelena".

En 1990 ocupa temporalmente la jefatura de la unidad de planta a su cargo en CANTV.

En 1992 registró en la Notaría segunda de Valencia Venezuela, los derechos de autor de los primeros resultados de la investigación iniciada en 1976.

En 1995 ingresó a la Compañía Metalcón de la Corporación Sivensa como Jefe de Telemática.

En 1996 ingresó al Instituto Universitario Politécnico "Santiago Mariño"

En el 2003 sus alumnos del Politécnico lo nombran padrino por la escuela de Electrónica de la VI promoción de Ingenieros y Arquitectos.

En marzo de 2006 registra los derechos de autor de los resultados finales de su investigación de relatividad y electro física en la Dirección Nacional de Derechos de Autor en Caracas Venezuela como Ley del Cosmos.

En el 2008 ingresa como profesor de matemáticas de la Universidad Nacional Experimental de la Fuerza Armada (UNEFA).

Bibliografía.

Bianchi, Aldo, Introducción a
Microondas, Ediciones
Universidad de Carabobo, 1975,
Segunda edición, Valencia,
Venezuela.

Feynman, Richard, The Feynman
Lectures on Physics, Editora
Fondo Educativo
Interamericano, S.A. Tomo II,
1972, Edición bilingüe.
Universidad de Oriente,
Venezuela

Hawking, Stephen, Historia del tiempo, ediciones Lerner Ltda. 1989, Bogotá, Colombia.

Hayt, William Jr, Engineering Electromagnetic. International Student Edition 1974. Mc Graw Hill Inc.

Santaló, Luis, Vectores y Tensores, Editorial EUDEBA SEM, 1972/1973, Buenos Aires Argentina.

Internet: http://teoria-de-la-relatividad.blogspot.com. Publicado por Ing. Armando Martínez. Méjico. 2009.